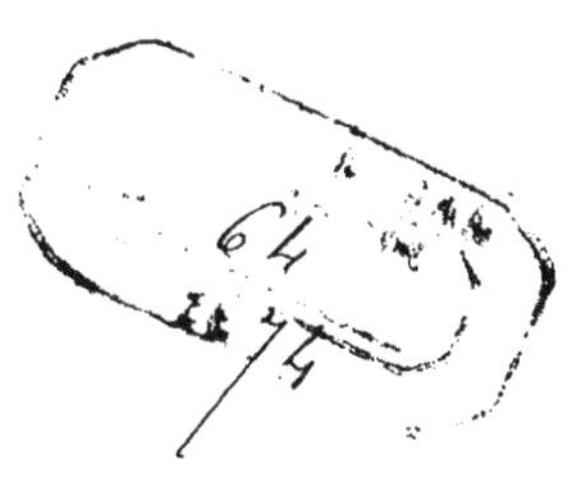

NOTES

SUR

L'EXTINCTION DES TORRENTS

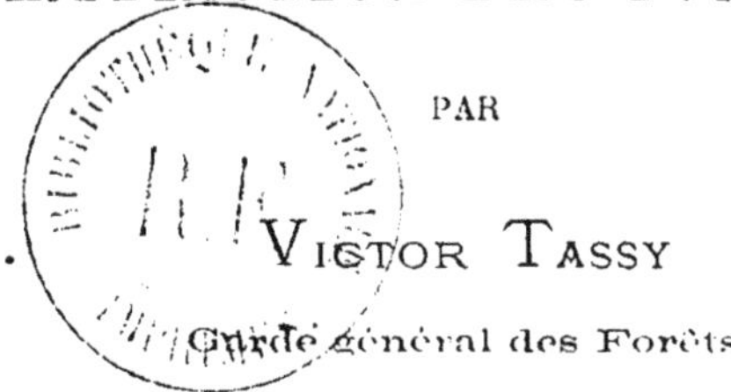

PAR

Victor Tassy

Garde général des Forêts

Il faut imiter la nature, non servilement, mais de manière à l'aider dans l'accomplissement de son œuvre. — (*Cours de culture des bois*, par Lorentz et A. Parade.)

TOULOUSE
IMPRIMERIE DE L'ASSOCIATION OUVRIÈRE N. BLANC ET Cᵉ
Rue du May, 1

1874

EXTINCTION DES TORRENTS

CONSIDÉRATIONS GÉNÉRALES

Ecrire, même de simples notes, après le puissant esprit qui a résumé dans un ouvrage savamment conçu et véritablement magistral, devenu classique, l'étude des torrents des Alpes (*) et des moyens à employer pour les combattre, peut paraître téméraire. Je ne l'essaierais certainement pas, si un ami, que le désir de sauvegarder sa montagne pastorale rend presque indiscret, ne me pressait de l'édifier sur la valeur des diverses théories émises en matière d'extinction de torrents, et de lui donner quelques conseils pratiques sur la voie qu'il doit suivre pour arriver à ce résultat.

Il est certain, et la lecture des divers ouvrages sur ce sujet le démontre jusqu'à l'évidence, que

(*) *Etudes sur les torrents des Alpes*, par A. Surell.

deux systèmes sont en présence, qui prétendent tous les deux résoudre le difficile problème :

1° Le système des ouvrages d'art;

2° Le système des reboisements et des regazonnements.

Le premier part de ce principe que le génie de l'homme est tout-puissant, et q e tout peut être soumis à ses lois.

Le second admet que le principal caractère de ce génie est sa diversité dans l'unité, sa faculté d'appropriation, d'assimilation, selon l'objet qu'il considère; que sa toute-puissance consiste non à tout soumettre à des lois préconçues, mais à étudier les lois existantes pour les faire servir à ses desseins.

L'un est essentiellement exclusif; il suppose que tous les phénomènes de la nature sont susceptibles d'être traduits mathématiquement, et il leur oppose des forces mathématiques.

L'autre est plus large; aux phénomènes de la nature il oppose d'autres phénomènes de la nature : aux agents destructeurs, les agents réparateurs. Il s'efforce, en un mot, d'*imiter la nature, et il l'aide dans l'accomplissement de son œuvre.*

On peut donc les définir, et plus justement :

1° Un système;

2° Une méthode.

Poser la question en ces termes c'est la résoudre. La méthode, qui ne le voit, sera applicable dans tous les cas possibles, pour tous les torrents; le système ne conviendra que pour certains torrents qui ne rentrent pas d'ailleurs dans la catégorie de ceux qu'a décrits Surell, et qui semblent appartenir à d'autres régions de la France.

I

Description du torrent de Bramafam (*).

La montagne pastorale qu'il s'agit de préserver d'une ruine imminente, est située dans le département des Hautes-Alpes, sur un versant exposé au sud-est, dont l'altitude varie entre 1220 et 2450 mètres.

Le principal torrent qui la ronge, prend naissance sur le point le plus élevé, englobant dans ses ramifications une étendue de 100 hectares environ.

Un goulot (**) long, étroit, dont les sinuosités se développent entre deux berges hautes de 15 à 20 mètres, formées d'une marne noire, essentiellement *délitable*, aboutit directement à la Durance qui enlève sans cesse les matériaux apportés. En remontant vers son origine, le lit s'élève par cas-

(*) *Bramafam* : hurle faim.

(**) Je ne puis donner les définitions de tous les termes techniques employés dans cet opuscule Ils se trouvent d'ailleurs dans le traité classique sur les torrents, déjà cité, de Surell.

cades de 2 à 5 mètres, et ne présente nulle part de pentes régulières. Vers le point le plus haut, qui se trouve à 1000 mètres de distance du débouché dans la Durance et à 80 mètres de différence de niveau, l'œil embrasse un vaste amphithéâtre de marnes noires, tumultueusement sillonnées de ravines plus ou moins profondes. Tantôt ces marnes sont compactes, dures, ressemblant assez à de l'ardoise, tantôt d'une consistance terreuse. Dans l'un et l'autre cas, elles offrent la plus grande prise aux agents atmosphériques. Sous l'action solaire, cette marne qui paraît si dure, se fendille, se détache par feuillets. A la moindre pluie tous les fragments glissent sur la roche solide, se rendent dans les ravines, et lors des orages contribuent à grossir les eaux du torrent.

Au-dessus des marnes, et par places, se présente une sorte de conglomérat composé de cailloux roulés, empâtés dans une argile grisâtre. Ameubli par le passage continuel des nombreux moutons qui fréquentent la montagne, il se désagrége facilement; les pierres roulent sur les pentes abruptes; les terres suivent ce mouvement; les herbes sont déracinées. Qu'une pluie d'orage survienne, et tous ces débris de la montagne seront emportés avec violence et contribueront à raviner les marnes. Cependant ce conglomérat présente ce phénomène singulier de durcir, sous l'action des vents du nord et des rayons du soleil, au point de ressembler à du mortier. Nul doute que s'il était soustrait à l'influence du piétinement, il prendrait une consistance relative. Il n'offre d'ailleurs qu'une importance secondaire, car on ne le rencontre que dans quelques dépressions des terrains crétacés.

Ces derniers sont formés de bancs alternatifs de roches, véritables pierres de taille, entre lesquelles s'interposent d'autres bancs d'une terre tantôt calcaire, tantôt argileuse, pour se terminer à leur partie supérieure par des assises distinctes et caractéristiques de rochers inclinés vers le nord-ouest.

Enfin, à la limite supérieure, et formant la crête de la montagne, se trouvent les grès des terrains nummulitiques.

Les marnes du lias s'élèvent jusqu'au quart de la hauteur; les terrains crétacés en forment les cinq huitièmes; les grès, le restant.

Les marnes fournissent la masse principale des déjections du torrent, car, partant du goulot, elles forment seules ou surmontées du conglomérat dont il a été question ci-dessus, la base de l'amphithéâtre; et ce n'est guère que vers le fond, en face de cette ouverture, qu'elles sont surplombées par les calcaires et les grès.

Le torrent de Bramafam prend naissance à la base des terrains nummulitiques. Il se compose de deux branches principales qui traversent les terrains crétacés et les conglomérats, sans se ramifier beaucoup ; mais dans les marnes noires et avant de se réunir non loin du goulot, elles reçoivent les déjections des ravines nombreuses dont ces terrains sont sillonnés.

Au-dessus des marnes les terrains crétacés et nummulitiques se dressent en pentes roides ; et il est facile de comprendre comment les eaux qui arrivent du sommet, chargées de matériaux, doivent dans leur passage sur les roches noires, friables ou terreuses, les creuser profondément et les emporter.

Le problème consiste à arrêter tout transport, à diminuer par suite le volume et la violence des eaux qui passent dans un temps donné sur le même point, enfin à les forcer de ne s'écouler que lentement, presque sans vitesse.

II

Causes de la formation des torrents. Moyens d'y remédier.

Les causes qui président à la formation des torrents ont été étudiées en détail par l'ingénieur Surell, et établies avec une sûreté de coup-d'œil, une rectitude de jugement que l'on s'efforcerait en vain d'atteindre.

Il est nécessaire que je les résume aussi brièvement que possible : ainsi, l'utilité des mesures que je propose, sera démontrée.

Les causes principales sont :

1° Une *cause géologique* qui tient, par conséquent, à la nature du terrain, à sa constitution, à sa composition minéralogique, à sa formation;

2° Une *cause météorologique* qui dépend de la durée et de l'intensité des pluies, des orages, des fontes de neige... du climat local, en un mot.

Enfin, une cause secondaire manifeste : l'*état superficiel* du sol.

Surell démontre l'influence du tapis de verdure sur deux sols identiques, placés sous un même climat, et la traduit en ces deux aphorismes :

1° *Le développement des forêts provoque l'extinction des torrents ;*

2° *La chute des forêts revivifie les torrents éteints.*

Les causes du mal étant connues, il s'agit de les combattre. Devançant la pratique, envisageant d'ailleurs la question du point de vue élevé de l'intérêt public, Surell formule ainsi la marche à suivre :

1° Tracé des zones de défense;

2° Déclaration d'utilité publique;

3° Boisement des zones;

4° Plantation des berges vives;

5° Construction des barrages.

Sans anticiper sur la suite de ces notes, je puis dire dès à présent que la pratique n'a, jusqu'à ce jour, introduit que des modifications de détail dans ce programme tracé de main de maître.

III

Tracé du périmètre. — Sentiers. — Abris. Baraques. — Barrages en pierre.

Que convient-il de faire dans le torrent de Bramafam ? Il ne saurait être question d'une déclaration d'utilité publique, puisque c'est un simple particulier qui entreprend volontairement de lutter, avec ses propres ressources, contre le redoutable fléau.

Qui ne comprend tout le mal que les moutons doivent faire en piétinant ce sol dénudé. Il suffit de se reporter à la description que j'en ai donnée, et de le comparer à ces grasses pelouses qu'un parcours incessant transforme en gradins d'amphithéâtre, et sur lesquelles les moutons, cherchant un abri contre les rayons d'un soleil ardent, marquent les origines des ravines en grattant le sol. Il faut donc, dès le début, supprimer radicalement le parcours des moutons.

Tracé du périmètre. — On commence par tracer sur le terrain une ligne dans laquelle sont comprises les deux branches principales du torrent et leurs tributaires. Elle doit être assez éloignée du point de départ de toutes les ravines pour permettre de pouvoir compter sur le succès des travaux exécutés, avant que le mal n'y parvienne ; autant que possible, elle doit englober tous les terrains compris dans les versants dégradés. — On la rendra apparente à l'aide de forts piquets ou de tas de pierres ; et on la fera respecter rigoureusement par les bergers.

Une barrière en bois ou en fil de fer serait certainement préférable, mais la nécessité de ménager les ressources dont ils disposent, empêchera, la plupart du temps, les propriétaires de la faire élever. Pour ce motif, je ne la conseillerai pas.

Ouverture de sentiers. — Le pâtre au pied léger, sans fardeau, parvenait difficilement à traverser le périmètre qui vient d'être délimité. Désormais les ouvriers munis des lourds instruments du labeur, ou chargés de matériaux divers, devront s'y mouvoir dans tous les sens, depuis la base jusqu'au sommet.

Il est évident, à priori, que quelques sentiers bien distribués, reliés les uns aux autres, faciliteront singulièrement les travaux ultérieurs. L'ouverture de ces sentiers doit donc suivre immédiatement le tracé du périmètre.

Dans les marnes noires ils seront ouverts horizontalement, pour éviter le rassemblement, sur un même point, des eaux supérieures. Une légère inclinaison de la chaussée vers le bassin de réception, sera aussi une précaution utile. Dans tous les autres terrains, on pourra leur donner des pentes variables, sans les exagérer cependant.

Le *prix de revient* des travaux de cette catégorie ne peut être donné qu'approximativement. Dans les marnes, il est de 0 fr. 60 c., en moyenne, pour le mètre courant de chemin offrant 1m 50 de largeur ; ce prix s'abaisse à 0 fr. 20 c. dans les terrains ordinaires.

Construction d'abris. — Tandis que les ouvriers creusent ces sentiers, il survient un orage. La nécessité se fait sentir de construire çà et là quelques huttes, dans lesquelles ils pourront s'abriter si le même phénomène vient à se reproduire. On les construit en pierres sèches. La toiture se compose de quelques traverses supportant des pierres plates sur lesquelles on tasse de la terre; et l'on recouvre le tout, de fortes mottes d'un gazon bien feutré.

Ces constructions grossières ne *reviennent* pas bien cher; le prix du mètre cube de maçonnerie varie entre 6 et 8 francs; celui du mètre carré de toiture est de 2 francs.

Le périmètre est éloigné de tout centre habité. Si l'on ne peut offrir aux ouvriers un gîte dans le voisinage, ils ne consentiront que difficilement à venir travailler, quel que soit le prix de la journée. Il est donc urgent d'installer dans le périmètre ou à proximité, une baraque plus grande et plus confortable que les huttes, dans laquelle ils puissent coucher et préparer leurs modestes repas. Un rez-de-chaussée ayant deux pièces, un grenier assez grand et bien fermé... C'est rustique et c'est suffisant !

Il s'agit ici d'une dépense de 12, à 1,500 francs, qui ne se peut guère éviter.

Barrages en pierres. — Le périmètre est devenu accessible ; il offre des abris pour les travailleurs. Le moment est venu de prendre le torrent corps à corps.

Pendant que l'on effectuait tous ces travaux, préliminaires indispensables, on a eu le temps d'étudier avec soin le régime du torrent. Il a été facile d'observer que les ravines secondaires ne fournissent qu'un faible contingent de déjections, tandis que les deux branches principales se comportent d'une toute autre manière. Les eaux y arrivent du sommet de la montagne, grossies par un mélange de boues et de *pierrailles;* elles s'augmentent en route des matériaux apportés par tous les ravins secondaires; elles creusent profondément les terres noires, affouillent les pieds des berges qui, dans l'intervalle de deux orages, commençaient à prendre leur assiette, et se précipitent enfin en bouillonnant dans le goulot. Mais on a constaté aussi que depuis le jour de la mise en défends, la quantité de pierres entraînées des régions supérieures a notablement diminué. Tout semblerait donc engager à se contenter d'une mise en défends, prolongée et sévère.

Si le terrain était, du haut en bas de la montagne, formé des mêmes éléments rocheux et calcaires, nul doute sur l'efficacité de cette mesure dont les résultats se manifesteraient dans un temps plus ou moins éloigné. Mais j'ai dit que les marnes noires du lias complètement dénudées forment la base du bassin de réception. Pour elles la mise en défends est insuffisante. Le phénomène de dénudation continue sa marche lente et sûre; la végétation naturelle ne parvient pas à s'y fixer. Si donc on n'exécutait aucun travail, les marnes délavées peu à peu, s'effritant, se délitant sans cesse, se creuseraient en abîmes au-dessous des rochers calcaires qui les surplombent, et, à de certaines périodes dont il est difficile de préciser la durée, mais qu'il est permis de prévoir, des pans entiers de la montagne, privés de ce pilier naturel, s'effondreraient, entraînant des masses de matériaux qui viendraient donner une nouvelle énergie au torrent.

Ces considérations ne se basent point sur un calcul de probabilités; elles sont l'énoncé d'un fait qui se produit tous les jours, et qu'il est facile de constater sur un grand nombre de points des Alpes françaises.

Il est indispensable, on le voit, d'exécuter des travaux de *fixation* dans les marnes noires, et, pour en assurer la réussite, il est non moins indispensable d'activer la consolidation des terrains supérieurs.

On arrive promptement à ce résultat en précipitant dans les *bas-fonds*, ou en réduisant en petits fragments, tous les blocs qui ne présentent point de sérieuses garanties de stabilité; et en construisant des barrages en pierres à l'origine de toutes les ravines, dans le haut du bassin de réception. Ce sont de véritables petits murs que l'on multiplie d'autant plus qu'il s'agit de retenir une plus grande quantité de débris, et que la pente du lit est moins rapide. Dans les parties moyennes et inférieures, ces barrages doivent offrir des dimensions plus considérables, tant en hauteur qu'en épaisseur, car tout en retenant les débris que n'auraient pu contenir les petits barrages, ils servent en outre à arrêter ou tout au moins à briser les avalanches qui, se précipitant dès escarpements et tombant sur les terres noires, ont jusqu'à ce jour occasionné de grands ravages.

Dans les terres grises, les barrages en pierres rendent aussi d'utiles services, à condition de ne s'élever que très peu au-dessus du lit des ravines.

Dans les marnes noires enfin, il faut n'user de ces sortes de constructions qu'exceptionnellement, par exemple, s'il s'agit d'arrêter le glissement d'une berge sur un *sous-sol* solide. Ce glissement provient d'un manque d'assiette, la base de la berge étant enlevée lors de chaque orage. Pour empêcher l'érosion, il faut construire un barrage en aval du point attaqué et lui donner d'ailleurs des dimensions suffisantes. Le pied de la berge plonge bientôt dans l'atterrissement qui se forme en amont du barrage, et ne risque plus d'être emporté.

Je ne puis entrer dans les détails de la construction des barrages, ni assigner toutes les conditions qu'ils doivent remplir pour réaliser un effet utile ; on les trouvera exposés tout au long dans les traités spéciaux. Je dois faire remarquer, cependant, que quatre-vingt-dix-neuf fois sur cent les barrages périssent par la base, à la suite de l'affouillement produit par la chute des eaux et des pierres. Dans le cas où le lit du torrent n'est point formé par une roche très consistante et très dure, il vaut donc mieux ne pas construire de barrages. On a alors recours aux clayonnages et aux fascinages, dont je me propose de parler plus loin avec quelques détails : c'est le cas général pour les marnes noires.

Ces sortes de constructions *reviennent* assez cher. Le prix du mètre cube varie entre 5 et 15 francs, selon les dimensions des barrages et celles des matériaux employés. Aussi, dans tous les lieux où ils sont possibles, faut-il se garder d'en exagérer le nombre et de leur donner des dimensions trop fortes.

Je n'ai parlé que des barrages en pierres sèches, c'est que je repousse énergiquement les barrages construits avec du mortier, si ce n'est dans certains cas qui doivent se présenter bien rarement... si *rarement* qu'il est inutile d'en faire mention! On fait suffisamment solide en pierres sèches, et bien meilleur marché; à condition, pourtant, de ne pas se contenter de placer les pierres non dégrossies les unes sur les autres, et de construire selon toutes les règles de l'art.

IV

Pépinières. — Boutures. — Résumé des premiers travaux.

Surell a démontré l'influence des massifs boisés sur le régime des eaux torrentielles. Il a fait voir leur utilité pour retenir les avalanches et prévenir les éboulements. M. Marchand, dans son compte-rendu d'une mission en Suisse, où il avait été envoyé pour étudier les torrents, a appuyé sur ce point, et démontré d'une façon irréfutable l'inanité des pelouses naturelles les plus épaisses, pour arrêter les eaux. Il n'est personne qui n'arrive au même résultat en observant avec soin les phénomènes météorologiques dans les Alpes.

Aussi je n'hésiterais pas à conseiller de planter, dès le début des travaux, en essences propices, toutes les parties hautes, susceptibles d'être immédiatement reboisées, si l'opération était toujours praticable. Malheureusement un simple particulier ne dispose que de ressources restreintes, et il ne peut songer à se procurer dans le commerce les plants nécessaires à cette opération. Toutefois il doit se mettre en mesure de s'y livrer dans un avenir peu éloigné, s'il ne veut pas voir un jour le succès de ses premiers travaux compromis par quelque tempête.

Pépinières. — Il doit donc songer à créer des pépinières assez grandes pour satisfaire à ses besoins présumés. — Il choisit, à cet effet, certaines places favorables, dans le périmètre ou dans les terrains qui l'avoisinent, et s'empresse d'y introduire les essences nécessaires aux travaux futurs.

Eu égard au but qu'il se propose, — *garantir avant tout le terrain*, — le propriétaire ne devra pas borner son choix aux essences aptes à subir le même régime, le même mode d'exploitation. Selon une expression vulgaire et proverbiale, il *fera flèche de tout bois*, sans s'inquiéter autrement de la régularité des peuplements créés ni de la convenance des essences entre elles. Plus tard, l'extinction du torrent obtenue, il pourra, s'il le juge à propos, établir l'homogénéité dans les massifs; mais pour le moment, je le répète, il doit courir au plus pressé; il doit garnir avant tout le terrain, l'enlacer quand même dans un réseau de végétation. Sans doute, j'en conviens volontiers, il serait préférable d'atteindre le but en créant une véritable forêt, mais est-ce toujours possible?... Toute la question est là... Eh bien! ceux-là seuls qui pratiquent tous les jours, peuvent dire les insuccès et les mécomptes auxquels l'on s'expose dans cette lutte contre la nature lorsqu'on veut s'en tenir aux préceptes forestiers. Sauf de rares exceptions, l'extinction des torrents n'est point un reboisement dans le sens littéral du mot, qu'on ne l'oublie pas; c'est une opération éminemment complexe, comme la suite de ces notes le prouvera : c'est un reboisement *sui generis*, dans lequel on veut créer la forêt, mais la forêt possible, la forêt *soudaine*, si je puis me servir de cette expression, et non la forêt type. Et c'est tellement vrai, que s'il m'était démontré que le broussaillement peut suffire pour arriver plus promptement au but, je n'hésiterais pas à conseiller le broussaillement de préférence au reboisement (*).

(*) Voir à ce propos deux articles de A. Parade, dans la *Revue des eaux et forêts* des mois de janvier et février 1862.

Je demande pardon de cette disgression un peu longue, mais nécessaire pour bien préciser ma pensée et éviter toute méprise.

Tout en usant d'une grande latitude pour ses plantations mélangées, le propriétaire devra néanmoins borner ses choix aux essences susceptibles de prospérer aux altitudes et aux expositions diverses de la montagne. Eu égard à cette considération, il prendra de préférence, parmi les résineux : le Pin cembro, le Mélèze, l'Epicéa, le Pin noir, le Pin sylvestre, le Pin à crochets, le Genévrier commun, etc... ; parmi les feuillus : le Prunier de Briançon, l'Aunâtre vert, le Rhododendron ferrugineux, le Sumac fustet, l'Epine-vinette, l'Amélanchier, le Groseillier des rochers, le Rosier à feuilles rouges... Il se procurera, facilement et à bon marché, les graines de ces diverses essences dans les localités voisines.

Il fera bien, enfin, de semer en pépinières les graines des végétaux spontanés dans la contrée, que l'on ne pourrait se procurer que difficilement dans le commerce, comme aussi celles de la Fétuque, qui, soyeuses et légères, seraient emportées par les vents, s'il essayait de les *semer à même* sur des sols complètement dénudés. Cette graminée réussit très bien par le repiquement.

Inutile de donner des détails sur la création des pépinières ; ils se trouvent dans tous les traités de culture un peu complets. Mais, eu égard aux circonstances particulières au milieu desquelles se trouvent placées les pépinières en montagne, je ne saurais trop recommander :

1° D'abriter les semis contre la voracité des oiseaux, à l'aide de genêts et de broussailles, que l'on retire au fur et à mesure que les tigelles sortent de terre;

2° De biner souvent dans la saison d'été; on obvie ainsi au manque d'eau et on combat les funestes effets d'une sécheresse persistante;

3° De garantir, enfin, les jeunes plants contre les gelées d'automne et du printemps à l'aide d'un manteau de broussailles, et mieux encore, à l'aide de paille hachée, répandue entre les rigoles, et maintenue par de petits cailloux.

Gazonnement. — Le périmètre offrait au début des travaux quelques places entièrement dénudées, en dehors des terres noires. On a dû songer à les regazonner artificiellement aussitôt que le terrain a été rendu accessible. Les graines employées provenaient des plantes fourragères ou autres de la localité : la Fenasse brune dite de montagne, le Sainfoin des Alpes, la Bugrane...

Boutures. — Sur d'autres points, dans les *bas-fonds*, il y avait des places humides, et le propriétaire intelligent s'est empressé d'y planter de nombreux drageons d'Hippophaé rhamnoïde, dont il a pu apprécier l'utilité dans les *Isceles* de la Durance; d'y multiplier les boutures de Saule, qui devront fournir plus tard, en abondance, les fascines dont il aura besoin, le jour où il pourra entreprendre les premiers travaux de fixation dans les marnes du lias.

RÉSUMÉ. — Je résume ainsi la série des travaux dont je viens de donner une rapide analyse :

1° *Tracé du périmètre et mise en défends immédiate;*

2° *Ouverture des sentiers et création d'abris;*

3° *Extraction ou réduction en débris des pierres roulantes, et construction de barrages en pierres dans les zones supérieures et moyennes; accidentellement dans la zone des marnes noires;*

4° Simultanément, enfin, *semis de fourragères, création de pépinières, plantation de boutures de Saule, de Peuplier et de drageons d'Hippophaé.*

Il est facile de se rendre compte du but de ces premiers travaux :

Faciliter l'accès du périmètre;

Arrêter les premiers débris de la montagne; diminuer par suite le volume et la violence des eaux;

Préparer enfin le reboisement des parties supérieures et moyennes, sans lequel on ne saurait songer à faire quelque chose de durable; assurer comme conséquence les travaux qui seront entrepris ultérieurement dans les parties inférieures.

Si l'on reprochait à ce mode de procéder, de laisser les berges noires dans le même état, durant une période de 3 ou 4 ans, nécessaire pour l'achèvement des travaux de fixation sur les hauteurs, je répondrais que ces berges abandonnées à elles-mêmes durant un laps de temps relativement court, ne se ravineront pas davantage; et que ce qui importe surtout, c'est de comprimer le mal dans sa source vive : *Il est de principe que les effets persistent tant qu'on n'a pas anéanti les causes qui les produisent.*

V

Plantations — Semis.

Les terrains supérieurs suffisamment reposés par la mise en défends, dont on a hâté les résultats en semant les graines gazonnantes et en construisant les barrages en pierres, se présentent dans les meilleures conditions pour les derniers travaux qui doivent y être exécutés pour le reboisement.

Comment convient-il d'opérer?

On ne saurait songer à repeupler les plus hauts sommets. Les vents impétueux, les longues neiges de l'hiver, l'âpreté du climat, en un mot, sont autant d'obstacles contre lesquels il ne faut pas penser à lutter. Mais la nature a eu le soin d'indiquer, pour ainsi dire, les places convenables. Elle a tracé dans les Alpes, comme dans toutes les autres régions du globe, les limites de la végétation arborescente. On doit l'imiter.

On déterminera donc une ligne fictive au-dessus de laquelle le sol sera abandonné à lui-même; au-dessous s'effectueront les premières plantations.

Il est permis de se demander si le semis ne serait pas préférable à la plantation; si ce mode un peu plus lent ne donnerait pas des résultats plus économiques.

L'expérience s'est chargée de répondre; et il est aujourd'hui surabondamment démontré que, dans les Alpes, les semis sur places ne réussissent généralement pas. Les graines sont dévorées par les corneilles, les oiseaux de passage, les mulots, les renards même. Si elles échappent à ces ennemis, si elles germent, les jeunes plants soumis aux phénomènes alternatifs de gel et dégel, qui se manifestent sur ces hauteurs avec une rare énergie, les jeunes plants sont bientôt déchaussés et ne tardent pas à succomber.

Les plantations, au contraire, ont toujours donné de beaux résultats.

Le cadre restreint de ces notes ne comporte point une théorie complète de l'art de planter, que l'on trouvera d'ailleurs dans les traités spéciaux; je dois seulement essayer de résumer les préceptes applicables à des travaux de plantation sur une large échelle :

1° Choisir, dès le début des travaux, un personnel d'ouvriers intelligents que l'on place sous la conduite de planteurs expérimentés, et que l'on divise en deux brigades : l'une chargée de préparer les trous ou potets, l'autre de planter.

2° Employer toujours les mêmes hommes au même genre de travail.

3° Ne planter que dans un terrain frais, peu après la pluie ou s'il pleut légèrement.

4° Planter par touffes de 3 ou 4 plants, dans des trous ou potets disposés en lignes et creusés de manière que les racines puissent s'y étaler sans souffrir.

5° Placer au fond du trou, si c'est possible, une ou plusieurs mottes de gazon, qui, par leur décomposition, fourniront aux plants les premiers éléments nutritifs; la terre la plus légère et la plus divisée doit pénétrer entre les racines.

6° Ne pas enfoncer les plants plus qu'ils ne l'étaient en pépinières; tasser légèrement la terre; enfin rassembler en talus, autour des tigelles, et à leur base, les mottes de gazon restant, en les retournant afin d'éviter qu'elles ne reprennent et n'affament les sujets.

7°.S'il n'y a pas de gazon, placer de fortes pierres autour des plants pour s'opposer aux effets du gel et du dégel ; les petites pierres plates, fort utiles lorsqu'on opère en plaine et sous un climat tempéré, ne valent rien sur ces hauteurs ; ne pas craindre, dans le cas où le terrain est dénudé, de creuser les potets de manière que les plants puissent être abrités contre les vents froids du nord, durant les premières années.

8° Effectuer les plantations très serrées, à cause de la petitesse des plants et des chances nombreuses de mortalité auxquelles ils sont soumis, et afin de ne pas être obligé de revenir plus tard sur le même point.

9° N'employer que des plants de 2, 3 et 4 ans au maximum. Plus les plants sont jeunes, plus les chances de reprise sont nombreuses.

10° Distribuer les essences, autant que possible, conformément aux indications de la nature. Placer de préférence les résineux sur les plateaux et les grands versants, les feuillus sur les berges des ravins.

Le *prix de revient* de plantations effectuées avec ordre et par des ouvriers bien exercés, pour des brins de 2, 3 et 4 ans élevés dans les pépinières des hautes montagnes, ne dépasse pas 10 francs par mille touffes.

La saison la plus favorable pour planter est l'automne. Sans doute que le printemps doit être choisi de préférence lorsqu'il s'agit de résineux : c'est un fait indiscutable aujourd'hui ; mais il faut songer que dans les hautes régions, la neige amoncelée pendant l'hiver met très longtemps à disparaître, et lorsque déjà, dans les parties basses, la végétation est en pleine activité.

Les travaux de ce genre commencent ordinairement vers la fin de septembre et peuvent être continués jusque dans les premiers jours de décembre.

Je ne saurais terminer ce qui a trait aux plantations sur les hauteurs, sans dire que tout en prohibant le semis comme moyen direct de reboisement, on pourra user utilement de ce mode à titre de complément des plantations, dans certains cas : par exemple, s'il s'agit de repeupler des terrains assez bien gazonnés. Au milieu de potets, alors plus espacés, plantés en Mélèzes ou en Pins cembros, on répand à la volée quelques poignées de graines de Mélèze, ou l'on sème dans de petits potets quelques graines de Pin cembro.

VI

Fixation des marnes noires.

J'aborde enfin la partie la plus délicate et la plus difficile de l'extinction d'un torrent, je veux parler de la *fixation* des marnes noires.

Ces roches se présentent à la surface du sol sous quatre aspects caractéristiques qui permettent de les grouper en quatre classes distinctes :

Dans la première, la roche offre une consistance égale à celle du silex. Les surfaces sont lisses ou bosselées, sillonnées par quelques veines d'un calcaire blanc.

Dans la deuxième se place une roche qui se délite facilement, dont la surface s'exfolie et se fendille dans tous les sens, dont la consistance est faible.

Dans la troisième, la marne est terreuse, susceptible de se transformer en boue à la moindre pluie.

Dans la quatrième, enfin, elle se réduit en une sorte de terre pulvérulente, dont la surface se met en mouvement, pour ainsi dire, au moindre souffle de l'air.

Chacun de ces terrains exige un traitement général et un traitement spécial ; je vais successivement les passer en revue.

A. — Traitement général. — Fascinages. Clayonnages.

FASCINAGES. — Je désigne sous le nom de fascinage : *tout obstacle opposé à l'action des eaux, consistant en fascines de Saule posées sur un sol préparé, et retenues par des piquets, en général de même essence.*

Les fascinages se placent dans le lit des ravines

et perpendiculairement à sa direction. Ils ont pour objet d'amortir la violence des eaux, d'élever insensiblement les thalwegs par les atterrissements qui se produisent en amont, et de s'opposer à l'érosion des berges par les plantations faites sur les bords des atterrissements, laissant le milieu libre, et maintenant les eaux dans un lit à peu près invariable.

Entre autres moyens de dresser les fascinages, je crois pouvoir conseiller le suivant, que je résume sous forme d'articles.

Préparation des matériaux. — 1° Les tiges ou branches de Saule ne doivent pas avoir plus de 4 à 5 jours de coupe.

2° Les fascines sont formées de tiges ou branches d'égale longueur, préalablement débarrassées des ramilles qui pourraient nuire à leur homogénéité; elles sont serrées à l'aide de liens forts et solides placés à 0 m 50 les uns des autres; elles doivent présenter une circonférence minima de 0 m 60.

3° Les piquets provenant de Saules à petites feuilles ou de Saules à larges feuilles, ne doivent pas avoir moins de 0 m 05 et plus de 0 m 07 de diamètre; ils doivent être appointés à l'une de leurs extrémités.

Façon des fascinages. — 1° On fait bien déblayer le lit des ravines aux endroits désignés pour l'emplacement des fascinages, de manière à les asseoir sur une terre ferme. — Cet emplacement présente une surface de longueur variable selon la largeur du lit, et une profondeur de 0 m 40 au moins ; il doit être en *contre-bas* du lit en aval, d'au moins 0 m 05.

2° Une première rangée de branches et de tiges ayant un diamètre maximum de 0 m 05, est étendue sur l'emplacement du fascinage, et recouverte par une couche de terre d'égale épaisseur.

3° Sur ce lit de terre, une première fascine est posée de manière à laisser déborder les boutures, de 5 à 6 centimètres ; elle est arc-boutée et pressée avec force contre les berges légèrement entaillées, afin d'assurer son assiette ; elle présente une légère convexité en amont. On la maintient à l'aide de piquets posés à 50 centimètres les uns des autres. — Ces piquets, qui doivent offrir un diamètre de 0 m 05, sont enfoncés dans le sol par le côté taillé, après avoir traversé la fascine ; ils sont fortement chassés en terre à l'aide d'une masse en bois. — Cette opération terminée, on doit rafraîchir avec une serpe, et au niveau de la fascine, l'extrémité des piquets plus ou moins endommagée par le choc de la massue.

4° On comble ensuite, avec de la terre bien divisée, la partie comprise entre la fascine et le lit du ravin ; on tasse la terre en lui donnant une légère inclinaison en amont. — Il faut autant que possible faire pénétrer la terre friable dans l'intérieur de la fascine, afin que cette dernière présente une masse plus résistante, et aussi pour faciliter la production des racines adventives sur toutes les tiges ou branches qui la composent.

5° Une seconde rangée de boutures est placée sur cette première fascine, comme il a été dit au n° 2.

6° Une seconde fascine est placée sur ce lit de boutures, en retrait d'au moins 10 centimètres de la partie renflée de la fascine. Elle est fortement pressée contre la partie déjà dressée du fascinage, arc-boutée légèrement, et appuyée avec force contre les berges.

7° Cette fascine est reliée au sol par des piquets offrant un diamètre minimum de 7 centimètres, qui traversent la seconde fascine, chacun au milieu de l'intervalle qui sépare deux piquets de cette fascine. Ils sont chassés en terre et rafraîchis, comme il est dit au n° 3.

8° L'intervalle entre cette seconde fascine et le lit de la ravine est comblé : n° 4.

9° Enfin, une dernière rangée de boutures, plus inclinée dans l'intérieur du fascinage que les deux autres, est placée sur cette fascine, et recouverte d'une couche de terre à surface fortement inclinée vers la montagne.

Le *prix de revient* des fascinages ainsi dressés, offrant 2 m 50 de longueur au sommet et 0 m 80 de hauteur, est de 1 franc 50 c., en moyenne. Mais s'il fallait se procurer les Saules dans le commerce, ce prix s'élèverait à 2, 3, 4 francs, et plus, selon les localités et les difficultés du transport.

REMARQUES. — **a** — Lorsque le lit du ravin est formé par une roche assez dure, il ne faut pas songer à se servir de piquets de Saule. On emploie alors des piquets de Mélèze ou de Pin, dont on fait durcir au feu l'une des extrémités, préalablement appointée. Les trous dans lesquels doivent pénétrer ces piquets sont d'ailleurs préparés à l'avance, à l'aide du pic à roc ou de la barre à mine, selon les cas.

Le *prix de revient* est sensiblement plus fort : 10 fr., 20 fr., et plus, par fascinage; aussi n'y a-t-on recours qu'exceptionnellement, et lorsque l'absence de pierres de taille ne permet pas de construire de petits barrages en pierres dans les sols de la 1re classe, ou sur quelques points particuliers des sols des trois dernières.

b — Pour obtenir un bon effet des fascinages, il ne faut pas craindre d'en élever un trop grand nombre. Plus ils sont multipliés, plus leur action se manifeste vite. S'il était possible de les distribuer de manière à former du lit considéré une sorte d'escalier, on le devrait faire.

Par leur nature, ils sont de tous les obstacles à opposer aux eaux, ceux que l'on doit préférer dans les trois dernières classes des sols marneux.

c — La saison la plus favorable aux travaux de l'espèce est le printemps — motif purement cultural.

d — Mais les fascinages dressés, pour en obtenir tous les résultats désirables, il est nécessaire de les compléter en plantant dans les atterrissements et le long des berges, plusieurs rangées très serrées de boutures de Saule et de Peuplier. Toutes les essences qui se plaisent dans les terrains humides y prospèreront aussi.

Je ne saurais entrer dans tous les détails de ces plantations, mais le meilleur mode consiste à planter en quinconce : il est facile de s'en rendre compte.

e — L'établissement d'un système de fascinages dans le lit des ravines doit précéder nécessairement toute plantation et tout semis sur les berges, à cause des allées et venues auxquelles ils obligent, et des conséquences qui en résultent pour l'ameublissement des terrains.

Clayonnages. — Par clayonnage j'entends : *tout obstacle à l'action des eaux, consistant en piquets de Saule ou d'une essence peu putrescible, entre lesquels s'entrelacent et s'entre-croisent de jeunes tiges ou de jeunes branches de Saule, fortement pressées les unes contre les autres.*

On a recours aux clayonnages, toutes les fois qu'on se propose de retenir des terrains meubles ou de soutenir le choc des eaux et des terres entrainées dans de grands ravins, et *même* dans le lit d'un torrent.

Ils peuvent être simples ou composés.

Clayonnages simples. — Dans ce cas les piquets, d'un diamètre maximum de 0 m 05, sont toujours en essence Saule; ils sont enfoncés en terre d'une quantité égale à leur espacement qui ne dépasse pas 30 centimètres; ils s'élèvent hors terre de 20, à 30 centimètres; on leur donne une légère inclinaison vers la montagne. Les tiges ou branches sont ensuite tressées conformément à la définition ci-dessus.

Ces sortes de clayonnages sont surtout utilisés pour fixer les sols meubles de la 4e classe. Ils sont alors étagés les uns au-dessus des autres; et le terrain paraît divisé en gradins d'amphithéâtre.

Souvent les clayonnages disposés par lignes horizontales sont reliés les uns aux autres par d'autres clayonnages transversaux. La surface du sol se trouve ainsi emprisonnée dans un véritable réseau homogène, dont toutes les parties dépendent intimément les unes des autres (*).

Les clayonnages simples sont encore utilisés

(*) M. Marchand, dans ses études sur *les torrents des Alpes et le pâturage*, décrit plusieurs systèmes en usage en Suisse, qui se rapprochent plus ou de moins celui que je viens de décrire moi-même.

avec succès contre les eaux courantes, pour protéger les berges. Ils sont dans ce cas dressés sur les atterrissements, et on leur donne des dimensions proportionnelles à l'action qu'ils doivent exercer.

Le *prix de revient* d'un clayonnage simple est de 0 fr. 10 c. par mètre courant; mais s'il faut se procurer les Saules dans le commerce, ce prix s'élève à 20 et 25 centimes.

Clayonnages composés. — Il s'agit ici de clayonnages atteignant quelquefois les proportions de véritables ouvrages d'art, propres à tenir lieu, et avec avantage, de barrages en pierres, toutes les fois que l'on doit renoncer à ces derniers, soit à cause du manque de matériaux, soit à cause de la nature du sol.

Je résume encore sous forme d'articles, les règles de construction qui leur sont applicables.

1° On enfonce en terre, à une distance de 1 mètre les uns des autres, et à une profondeur de 70 à 80 centimètres, des piquets de Mélèze ou de Pin, préalablement préparés, ayant un diamètre de 0 m 07, au minimum, et dépassant le niveau du lit du ravin de 1 mètre, environ.

2° Entre chacun de ces piquets, au milieu de l'intervalle qui les sépare, on place un piquet de Saule ayant 0 m 05 de diamètre; enfin, un autre piquet de Saule de 0m 02 de diamètre, au minimum, est posé entre chacun des piquets précédemment fixés en terre. Cela fait, on tresse les tiges et les branches selon le mode ordinaire, en ayant soin de commencer un peu au-dessous du lit du ravin.

3° A une distance de 0 m 50 à 0 m 70 en aval du premier rang de clayonnage, on en dresse un second en adoptant les mêmes règles, mais en faisant correspondre chaque piquet de Mélèze à un fort piquet de Saule, sauf en ce qui concerne les piquets des deux extrémités qui sont aussi en Mélèze.

4° L'intervalle qui sépare les deux clayonnages est enfin rempli de pierres et de terres, fortement tassées.

5° Des boutures sont placées dans cet intervalle, ainsi que sur la face d'aval. Dans ce dernier cas, elles sont enfoncées obliquement.

Le *prix de revient* du clayonnage double est de 3 fr. le mètre courant, y compris les frais de remplissage, lorsque le propriétaire n'est point obligé de se procurer dans le commerce les Saules ni les piquets de Mélèze. Ce prix s'élève à 8 et 10 fr., dans le cas contraire.

Remarques. — **a** — Afin d'augmenter la puissance du clayonnage composé, on peut dresser un troisième, un quatrième clayonnage simple, en se conformant aux règles ci-dessus. On peut aussi relier les piquets de Mélèze entre eux à l'aide de traverses.

Le *prix de revient* est d'autant plus élevé.

b — Inutile de faire remarquer que les clayonnages dressés dans le lit d'un ravin ou d'un torrent doivent se prêter un mutuel appui. Tous les ouvrages de ce genre doivent être l'objet d'un emploi judicieux. A cet égard il est impossible de rien préciser. D'ailleurs, en pareille matière le jugement se forme vite, chez un esprit tant soit peu appliqué, observateur, et qui n'est point tout à fait novice dans les choses de la nature.

c — Dans le but de compléter l'action des clayonnages, il y aura lieu de planter dans les atterrissements, ainsi que je l'ai déjà dit à propos des fascinages.

d — La saison la plus favorable pour dresser les clayonnages simples ou composés est le printemps — motif cultural.

B. — Traitement spécial.

TERRAINS DE LA PREMIÈRE CLASSE. — Il est inutile de songer à effectuer le moindre travail de culture dans ces terrains. Creuser le roc, y transporter à grands frais de la terre, comme il a été proposé, serait une opération dont on ne s'explique pas bien la nécessité et qui ne saurait convenir à personne.

La division en gradins de cette roche, sera seule un travail utile pour créer des chutes et amortir la violence des eaux. Encore cette opération n'est-elle à conseiller que dans le cas où la roche domine d'autres roches plus tendres, telles que celle des trois dernières classes.

Dans les ravines, lorsque ce terrain en présentera, quelques barrages en pierres produiront un excellent effet.

Terrains de la deuxième classe. — Les terrains de la deuxième classe s'offrent à nous dans des conditions différentes. La roche est plus tendre; après trois ou quatre coups, le fer de la pioche s'enfonce entièrement. Il est possible, à priori, d'y effectuer des travaux de *fixation*.

Voici le mode de procéder le plus simple, qui se présente à l'esprit, et qui est sanctionné par une pratique soutenue.

Les ouvriers munis de pioches et de *sacs-tabliers* qui contiennent des graines gazonnantes et des plants, sont distribués au sommet des berges. Ils percent la roche tendre de petits trous, à peu de chose près perpendiculaires à la surface inclinée. Ces trous espacés de 15 à 20 centimètres, se suivent d'après une direction horizontale; ils ont une largeur approximativement égale à celle de la pioche, et une profondeur de 30 à 40 centimètres. A la surface du trou comblé par les détritus de la roche, se placent les graines gazonnantes ou fourragères. Une pincée suffit pour chaque trou.

Au-dessous de la première rangée, les ouvriers en creusent une deuxième, à une distance variable, mais qui ne doit guère dépasser 50 centimètres mesurés dans le sens de la pente. Ils veillent à ce que chacun de ces trous corresponde au milieu de l'intervalle qui sépare ceux de la rangée supérieure; ils se conforment d'ailleurs aux mêmes règles pour ce qui concerne le creusement. Après avoir donné le dernier coup de pioche, ils placent dans ce nouveau trou, un ou deux plants de l'essence rustique (Epine, Amélanchier, Rosier.....) qui a été choisie pour couvrir le terrain... Et l'opération se continue jusqu'au bas de la berge, en alternant les semis et les plantations.

Sur le sol ameubli et bouleversé par le passage des ouvriers, on jette enfin à la volée quelques poignées de graines gazonnantes.

Les *frais* de cette opération sont les suivants :

Pour la plantation du mille de plants ou de touffes : 6 fr.;

Pour le semis de 100 kilogrammes de graines gazonnantes : 20 et 30 fr., selon la difficulté des lieux.

Remarque. — Dans la suite à l' « Etude sur les

torrents des Alpes » de Surell, M. Cézanne décrit avec détail un mode de *fixation* des terres noires que je ne puis passer sous silence.

Ce mode a donné d'excellents résultats, et bien qu'il ne m'appartienne pas de le discuter, je dois faire observer cependant qu'il a soulevé diverses objections. Le principal reproche qu'on lui adresse est de créer dans les marnes une succession de réservoirs étagés, au fond desquels les eaux séjournent. Elles dissolvent l'acide carbonique qui se produit dans la décomposition des matières organiques, et acquièrent ainsi une force corrosive considérable. Il semble devoir résulter de là, que la culture du sol de la banquette, sur une largeur et une profondeur d'ailleurs variables, doit avoir pour résultat la production de couches d'infiltration, de pans de glissement, qui motivent de sérieuses craintes.

Aucun fait de ce genre ne s'est encore produit à ma connaissance, mais préoccupé de cette idée, je me proposais, tout en acceptant les *banquettes* en principe, de les modifier dans le détail de leur application. Dès 1870, un commencement d'exécution fut donné à ce projet. Diverses circonstances qu'il importe peu de connaître, m'empêchèrent de le mener à bonnes fins.

Voici comment il conviendrait d'opérer :

Soit une portion de berge inclinée à 45°, qui aurait 60 mètres de hauteur totale. On commence par tracer quatre sillons horizontaux, distants les uns des autres de 10 mètres environ. Chacun d'eux indique la place des quatre banquettes que l'on se propose d'ouvrir.

On attaque d'abord le sillon le plus bas situé à 10 mètres au-dessus de la base de la berge, puis successivement, en remontant, chacun des autres, de telle sorte que les matériaux provenant des travaux supérieurs soient arrêtés par les banquettes inférieures. La surface de ces banquettes doit être horizontale, et présenter une largeur de 1 mètre 20 centimètres. Quant au talus, il doit être plus ou moins roide selon le degré d'inclinaison du terrain. Les vides produits dans les flancs de la berge sont bientôt comblés par les débris divers, pierres et terres, des parties supérieures. On s'empresse de planter et de semer, aussitôt, les terres ameublies qui comblent les banquettes, ainsi que les portions de la berge naturelle qui les séparent, comme il a été dit ci-dessus, en réservant toutefois les plants les plus grands et les plus forts pour les terres meubles.

Le terrain de *transport* prend une consistance relative, et en raison de la nature des matériaux qui le composent et de l'horizontalité de la base, ne risque pas d'être entraîné.

Ce mode, je me hâte de le dire, n'est pas à la portée d'un simple particulier; il est fort onéreux, et ne saurait convenir qu'à un grand propriétaire, tel que l'État, qui dispose de ressources considérables.

Terrains de la troisième classe. — Dans les marnes terreuses, on exécutera les mêmes opérations : semis et plantations par lignes. Mais au lieu d'employer des arbrisseaux, on s'adressera de préférence aux grandes essences forestières qui prospèreront dans un sol meuble.

Si le propriétaire a eu le soin de préparer quelques pépinières de Fétuques, au lieu de semer, il fera bien de repiquer par lignes horizontales, de petites touffes de cette graminée. Il choisira pour cela les journées pluvieuses ou humides; l'instrument adopté sera tout simplement la truelle du maçon.

Dans un sol légèrement humide, un ouvrier exercé à ce travail peut planter dans une journée, sur une longueur développée de 250 mètres. Le *prix de revient* de cette plantation est d'environ 0 fr. 01 cent. par mètre courant.

Terrains de la quatrième classe. — Comme dans les terrains des deux classes précédentes, il convient d'exécuter ici des plantations et des semis ; mais ces opérations sont subordonnées à la *fixation* relative de la surface à l'aide d'un système de clayonnages simples, précédemment décrit.

Remarque générale. — Opérant ici dans les

parties basses du périmètre, les semis et les plantations peuvent être exécutés durant l'automne ou le printemps, selon les exigences diverses auxquelles il faut satisfaire.

VII

Fixation des terres grises.

Les *terres grises* constituent une sorte de terrain accidentel, à la base ou sur les flancs des terrains crétacés. Je n'ignore pas, cependant, que dans certaines parties des Alpes elles prennent une grande extension et qu'elles nourrissent à elles seules plus d'un torrent dangereux ; mais, dans tous les cas, elles exigent un traitement particulier.

C'est pour ce motif que j'ai cru devoir en faire une mention spéciale.

J'ai dit leur composition, sorte de mélange intime de calcaire et d'argile formant mortier avec un sable à gros grains, et empâtant de nombreux cailloux roulés, calcaires et gréseux. J'ai dit aussi comment elles se comportent sous l'action des pluies et sous l'action des vents et du soleil. Je dois ajouter qu'elles sont encore plus rebelles à la végétation que les terres noires. Dans ces dernières, en effet, la difficulté tient surtout à la mobilité de la surface, tandis que dans les premières c'est la compacité du terrain et la roideur des pentes, qui constituent les principaux obstacles.

On doit donc se proposer, avant tout, de diminuer les pentes, et de rendre le sol perméable à l'air et à l'eau.

Les berges ravinées, dans les terres grises, sont formées d'une succession d'arêtes aigües et *tranchantes,* parallèles ou quasi-parallèles entre elles, lignes de faîte de plus petites berges dressées en escarpements, qui se rencontrent et forment des thalwegs pour ainsi dire linéaires.

Il est très difficile de se faire une idée exacte de pareils terrains, de leur état de ruine et de leur désolation, lorsqu'on ne les a jamais vus. Et toutes les images que l'on en trace, ne peuvent en donner qu'une idée approchée.

Le premier travail à faire consiste en une sorte de nivellement de toute la surface de la berge.

On procède à cette opération de la manière suivante :

Dans les thalwegs, et à des distances variables selon la pente du lit, on construit une série de petits barrages en pierres, peu élevés. Entre chacun d'eux, on couche en long des broussailles et des branchages, retenus çà et là par de forts piquets recourbés en crochets.

Les ouvriers écrêtent ensuite chaque berge secondaire. Ils rejettent les terres dans le fond des ravines, sur les branchages entre lesquels elles s'introduisent et s'accumulent.

S'il n'y avait point de pierres, il faudrait recourir à de rustiques barrages en bois (*). Ce sont de tous les barrages, les plus mauvais, parce qu'ils n'ont qu'une durée limitée ; ils pourrissent vite. Aussi n'ai-je jamais conseillé leur emploi ; mais dans les terres grises, ce défaut les rend précieux, à condition pourtant de ne point leur donner de trop fortes dimensions. Ils consisteront le plus ordinairement en fagots de branches de Pin ou de Mélèze, que retiendront en terre de forts piquets des mêmes essences, reliés entre eux par des traverses.

A la première pluie, les débris des berges se tassent entre les branchages et forment bientôt une masse solide. La surface primitive, plissée et en zigzag, est dès lors nivelée et presque plane.

Il devient possible de planter et de semer par petits trous.

On objecte que ce mode de procéder n'est pas sûr ; que les bois venant à pourrir, le sol qui a été remué et qui encombre les anciennes ravines se mettra de nouveau en mouvement.

Cette objection repose sur une observation

(*) Ne pas confondre les *barrages en bois* avec les *fascinages* et les *clayonnages* qui, *susceptibles de vivre*, ont été dénommés, dans un style pittoresque, *barrages vivants*.

superficielle, et sur une connaissance imparfaite de ces terrains. Ils ne coulent pas, d'abord, avec la même vitesse que les terres noires; il faut des pluies intenses et persistantes pour les amener à l'état boueux. Enfin, on semble ne pas se rendre compte de ce fait que ces terrains, jadis trop compactes, rendus aujourd'hui accessibles à l'air et à l'eau par les milliers de petites branches qui les divisent en autant de canaux souterrains, sont devenus aptes à produire; que la végétation aura eu le temps de se fixer, et garnira la surface du terrain, avant que les bois ne soient complètement décomposés.

Remarques. — **a** — Je dois faire observer que cette opération, possible pour de petites berges, deviendrait trop onéreuse et par suite impraticable sur les grandes. D'ailleurs, celui qui connaît la marche des torrents dans les terres grises, se contentera de provoquer l'extinction des petites ravines, l'extinction des grandes en sera la conséquence.

b — Dans certains cas, les terres noires pourront être traitées par le même mode; lorsqu'elles se comporteront d'une manière analogue, sous l'action des météores.

VIII

Travaux d'entretien. — Résumé général.

ENTRETIEN

Lorsque le périmètre de Bramafam aura été l'objet des divers travaux dont je viens d'essayer de donner une description sommaire, l'œuvre de réparation ne sera point encore terminée. Le propriétaire n'aura plus de grosses dépenses à faire, il est vrai, mais il devra songer à l'entretien.

Ici, il faudra réparer les barrages en pierres ou en construire de nouveaux. Là, les fascinages et les clayonnages endommagés par la chute de quelque bloc roulant, devront être refaits en partie ; là, encore, l'expérience démontrera qu'il faut en compléter le système. Ailleurs, les plantations et les semis présenteront des vides qu'il importera de regarnir. Sur d'autres points, il conviendra de planter les atterrissements, de débarrasser le milieu du lit des ravines, et de rejeter le long des berges les blocs ou les grosses pierres qui, amenés par les eaux, finiraient par l'obstruer; enfin et surtout, entretenir les pépinières pour suffire aux exigences annuelles.

Je ne puis avoir la prétention de tout dire, encore moins de tout prévoir. C'est à l'opérateur, au propriétaire, qui est sans cesse sur le terrain, de parer aux accidents divers qui se peuvent produire dans son périmètre... jusqu'au jour où la forêt nouvelle pourra être abandonnée à elle-même; je me trompe : exploitée comme un domaine dont il appréciera d'autant mieux la valeur et l'importance, qu'elle lui aura coûté plus de temps, d'argent et de peine à créer.

RÉSUMÉ GÉNÉRAL

En définitive, les diverses opérations auxquelles donnera lieu l'extinction du torrent de Bramafam, peuvent être résumées ainsi qu'il suit :

I. — *Travaux communs à tout le périmètre.*

A — Tracé et fixation des limites. — Mise en défends immédiate.
B — Ouverture de sentiers. — Création d'abris.
C — Créations de pépinières. — Plantation de boutures et de drageons.

II. — *Travaux propres aux terrains supérieurs et moyens.*

A — Construction de barrages en pierres.
B — Semis de graines gazonnantes et fourragères.
C — Plantations de résineux et de feuillus.

III. — *Fixation des terres grises.*

A — Construction de barrages en pierres ou en bois, selon les cas.
B — Ecrêtement des petites berges.
C — Plantation de résineux et de feuillus, au milieu de semis de graines gazonnantes et fourragères.

IV. — *Fixation des terres noires.*

A — Accidentellement construction de barrages en pierres.
B — Fascinages et clayonnages simples ou composés dans le lit des ravins.
C — Clayonnages simples pour retenir les terres.
D — Plantations de feuillus et de résineux ; semis de graines gazonnantes et fourragères ; plantations de Fétuques.

V. — *Travaux d'entretien de toute nature.*

Remarque. — L'ordre adopté dans cet essai de groupement des travaux, est l'ordre qui semble le plus logique, qui paraît le plus rationnel, celui auquel le propriétaire de Bramafam devra se conformer, s'il veut obtenir de ses efforts un résultat utile et pratique.

Mais cet ordre n'est point la règle absolue, je l'avoue volontiers, et si la succession des terrains vient à changer, il y aura lieu d'y introduire des modifications de détail. — C'est évident.

CONCLUSION

Au risque d'être blâmé par le lecteur qui aura bien voulu me lire jusqu'à la dernière ligne, pour avoir terminé par quelques considérations qui ne paraîtraient point pourvues d'à-propos dans une préface, je ne puis ne pas faire un aveu qui ne me coûte guère.

En rassemblant ces notes prises au jour le jour sur le terrain, — et, pour la plupart, presque sous la dictée d'un maître habile, expérimenté, que la reconnaissance me ferait un devoir de nommer, mais dont je craindrais de blesser les sentiments, — je n'ai pas la prétention de formuler un code complet de l'extinction des torrents, mais seulement d'éviter bien des recherches et des expériences onéreuses à un simple particulier.

Les hommes de l'art n'y trouveront pour ainsi dire rien de nouveau. Aussi, je crois pouvoir le dire sans les froisser, n'est-ce point à eux que ce petit écrit s'adresse. Tel conseil leur paraîtrait *oiseux*, tel autre *vieux*, qu'il n'est point inutile de donner à un particulier inexpérimenté.

Je considère l'œuvre de l'extinction des torrents comme œuvre d'intérêt public, et aussi comme œuvre culturale.

A ce dernier point de vue, il ne faut pas que les sacrifices que l'on se propose de faire dépassent ceux que réclame une gestion intelligente de la propriété.

Il importe donc qu'il y ait une certaine relation entre ces sacrifices et les résultats que l'on désire atteindre, sans quoi l'on tombe dans le domaine des dépenses imprévoyantes.

Lors même que l'on se placerait au point de vue de l'intérêt public, cette relation devrait exister encore. Les sacrifices, dans ce cas, peuvent être plus considérables, mais s'ils venaient à dépasser une certaine limite, ils seraient de la prodigalité, et constitueraient une œuvre de mauvaise administration.

Quelles sont les bases qui permettent d'évaluer ces deux rapports?

Pour le propriétaire : la différence entre la valeur actuelle des terrains compris dans le périmètre, — valeur généralement bien minime — augmentée de ses intérêts capitalisés, et la valeur de ces mêmes terrains (*), le jour où le torrent aura été éteint, le sol garanti, augmentée de la plus-value acquise par les terrains contigus ; cette différence divisée par la somme dépensée et ses intérêts capitalisés successivement, sera le coefficient du premier rapport.

(*) Fonds et superficie.

Tant que ce rapport sera plus grand que l'unité, le propriétaire aura un intérêt palpable, évident, à entreprendre l'opération. Cet intérêt existera encore si le rapport devient égal à l'unité, car il convient de remarquer que la valeur des terrains contigus aurait singulièrement baissé au fur et à mesure que le torrent aurait agrandi son champ d'action.

Or, sans vouloir tenter de dresser un devis même approximatif des dépenses qu'exigerait l'extinction du torrent de Bramafam, par exemple, — devis qui ne prouverait rien, si ce n'est une habileté plus ou moins grande dans l'art de grouper les chiffres, — je puis dire en m'appuyant sur l'expérience, et en m'en tenant aux *prix de revient* que j'ai donnés, que cette dépense ne dépassera pas 80 à 100 fr. par hectare, pourvu que l'opération soit conduite avec une sage lenteur et avec intelligence.

Eh bien! dans cette limite il y aura toujours intérêt réel, évident, pour le propriétaire, à effectuer le travail d'extinction.

Si l'on se place au point de vue de l'Etat, il devient plus difficile de préciser le rapport qui doit exister, car les deux termes embrassent des données difficilement appréciables.

Je crois néanmoins qu'assimilant alors l'extinction des torrents à toutes les autres opérations d'intérêt public qui sont exécutées par l'Etat, c'est dans le bien-être général, dans le développement de la richesse publique, qu'il faudrait aller chercher les éléments d'appréciation; et, à ce point de vue, l'Etat, comme l'a fort bien démontré Surell dans l'étude que j'ai eu si souvent l'occasion de citer, l'Etat seul doit exécuter sur une vaste échelle les extinctions de torrents, comme seul il exécute les grands travaux d'intérêt public, canaux, routes, ponts, etc, etc...

Le sujet est toujours neuf; il m'entraîne; j'en demande pardon au lecteur... Je voulais seulement essayer de prouver tout l'intérêt qu'un propriétaire peut avoir à lutter contre les torrents, ces plaies hideuses, ces cancers qui dévorent nos plus belles prairies pastorales et qui menacent une partie de la Basse-Provence...

Puissé-je être entendu!!

FIN

Liste des principaux auteurs à consulter :

A. SURELL. — **Etudes sur les torrents des Alpes;** *avec* UNE SUITE par M. Cezanne.

A. PARADE. — **Reboisement des montagnes;** REVUE DES EAUX ET FORÊTS, numéros de janvier et février 1862.

A. MATHIEU. — **Le reboisement et le regazonnement des Alpes.**

L. MARCHAND. — **Les torrents des Alpes et le pâturage.**

Enfin, une foule d'articles spéciaux passés soit dans la *Revue des Eaux et Forêts*, soit dans la *Revue agricole et forestière de Provence.*

Toulouse.—*Assoc. Ouv.*, Imp. N. BLANC et Cie, rue du May, 1.

www.ingramcontent.com/pod-product-compliance
Ingram Content Group UK Ltd.
Pitfield, Milton Keynes, MK11 3LW, UK
UKHW021021180726
13838UKWH00004B/1594